KORPORATION DER KAUFMANNSCHAFT VON BERLIN
HANDELSHOCHSCHULE BERLIN

Ursprung und Entwickelung der chemischen Industrie

Zur Feier des Geburtstages
Sr. Majestät des Kaisers am
27. Januar 1910 in der Aula
der Handelshochschule

vorgetragen von
ARTHUR BINZ

Berlin 1910
Druck und Verlag von Georg Reimer

Das Bild unseres erlauchten Geburtstagskindes, das die Aula dieser Hochschule schmückt, zeigt den Monarchen am Meeresstrande und veranschaulicht die staatsmännische Voraussicht, die unserem Volke seinen Anteil an überseeischen Schätzen sichern will. Wenn in dem, was ich zur Feier des Tages sagen möchte, einer jener Schätze besonders hervorgehoben werden wird, so gilt das seiner fundamentalen Bedeutung für das Entstehen einer der mächtigsten Industrien unseres Vaterlandes, der chemischen Industrie.

Man ist vollkommen orientiert über den Werdegang der rein wissenschaftlichen Chemie und hat den der chemischen Industrie ursächlich in folgender Weise davon abgeleitet:

Gegen Ende des 18. und zu Anfang des 19. Jahrhunderts wurden eine Reihe großer wissenschaftlicher Entdeckungen auf chemischem Gebiete gemacht, die sich an die Namen Black, Lavoisier, Scheele, Priestley, Cavendish, Davy und andere knüpfen. Man fand die Kohlensäure, das Chlor, den Sauerstoff, das Kalium, man wurde sich klar über die Natur von Wasser, Feuer und Luft. Ungefähr um dieselbe Zeit wandelten sich eine Reihe von Apotheken in chemische Fabriken um; und wiederum in jener Zeit etwa begann die Ära des Dampfes. Die Kombination dieser Ereignisse hat gewisse technische Fortschritte verursacht und damit scheinbar den Hauptanstoß zur chemischen Industrie gegeben.

Gegen diese Geschichtskonstruktion läßt sich mancherlei einwenden. Was zunächst die Dampfkraft betrifft, so hat man sie in größerem Umfange erst lange nach 1800 benutzt, während die Entwicklung einer chemischen Großindustrie bereits vorher einsetzte. In der Beurteilung der Rolle der Apotheken werden Ursache und Wirkung verwechselt: nicht deshalb entstand eine chemische Industrie, weil Apotheken zu Fabriken wurden, vielmehr ist letzteres erst eine Folgeerscheinung eines industriellen Bedarfes. Woher und wann ist der Bedarf an Chemikalien gekommen? Offenbar liegt hier der Kernpunkt der ganzen Frage, und damit scheiden auch die wissenschaftlichen Entdeckungen als primäre Generatoren der chemischen Industrie aus. Denn es ist noch nie vorgekommen, daß Entdeckungen, die nur Beziehung zur Wissenschaft haben, einen Bedarf schaffen, sie können lediglich einem Bedarf dienen, der bereits vorhanden ist oder sich aus Umständen des praktischen Lebens herausbildet.

In der ältesten Zeit war es hauptsächlich die Textilindustrie, die einen Bedarf an Chemikalien wachrief. Ägypter, Griechen, Römer gewannen aus gewissen Mineralien Alaun und Eisenvitriol und benutzten sie als Beizen beim Färben mit Krapp, den Alaun außerdem zum Gerben von Leder. Indessen konnten diese Handwerke nicht wohl dazu führen, daß sich die Anzahl chemischer Produkte vermehrte, denn das hätte vorausgesetzt, daß gewerbliche Dinge dem Studium im Laboratorium zugänglich waren; dazu aber eigneten sich Färben und Gerben damals nicht, weil die hierbei stattfindenden chemischen Vorgänge sehr kompliziert sind, und die Menschen in jenen frühen Zeiten nicht viel aus ihnen ersehen konnten. Andere alte Gewerbe, deren chemische Grundlagen heute bekannt sind, die Keramik, die Verhüttung von Erzen, zeitigten ebensowenig eine fruchtbare Laboratoriumskunst, denn sie erfordern große Öfen, ohne daß man imstande gewesen wäre, die entsprechenden Temperaturen in bequemer Weise auch im Kleinen zu erzielen. Infolgedessen verharrte man auch hier in der Empirie des Großbetriebes und blieb deshalb durch Jahrtausende hindurch im alten Geleise.

Ein Wendepunkt kam erst, nachdem die Bedürfnisse der Kriegskunst zur Erfindung des Schießpulvers geführt hatten, also um 1300. Nicht etwa, weil dessen Bereitung zum chemischen Arbeiten im Laboratorium hätte anregen können; das war nicht der Fall, da es sich beim Pulver um einfaches Mischen fester Substanzen handelte, nicht um typisch chemische Operationen. Dagegen wurde es von entscheidender Bedeutung, daß man zur Pulverdarstellung den Salpeter gebrauchte. Von der jetzt beginnenden Massenverwendung dieses zum Teil natürlich vorkommenden Salzes ging eine technisch fruchtbare Laboratoriumsarbeit in bezug auf ein altes, bis dahin nur unvollkommen gelöstes Problem aus: die Scheidung des Goldes vom Silber.

Damit hat es folgende Bewandnis. Das Rohgold der Natur ist fast immer silberhaltig, und umgekehrt enthalten viele Silbererze Gold. Infolgedessen befand sich in den Goldmünzen des Altertums und des frühen Mittelalters Silber, sie waren also weniger wert, als sie hätten sein sollen; andererseits enthielten viele Silbermünzen solch beträchtliche Mengen Gold, daß es sich gelohnt hätte, letzteres daraus zu gewinnen. Das wußte schon Archimedes und darum bewertete er die Krone des Königs Hiero nach dem spezifischen Gewicht. Man hatte auch schon im Altertum Scheideverfahren, hauptsächlich bestehend in der Entsilberung der Edelmetalle mit Hilfe von Schwefel, indessen wird dabei kein reines Gold erhalten. Eine Methode zur vollkommenen Scheidung ergab sich erst, als man entdeckte, daß beim Glühen von Salpeter zusammen mit Alaun oder Eisenvitriol und beim Auffangen der entwickelten Gase in Wasser eine stark saure Flüssigkeit entsteht — wie wir heute wissen, eine Mischung von Schwefelsäure und Salpetersäure —, die das Silber auflöst und das Gold rein zurückläßt. Man hatte das Scheidewasser entdeckt und verwendete es zum ersten Male in größerem Umfange angeblich [1]) gegen 1500 in Venedig. Hierdurch nun wurde der Anstoß zu weiterem chemischen Beobachten und Versuchen gegeben. Denn in Schwefelsäure und Salpetersäure lösen sich mit Leichtigkeit viele Metalle und andere Stoffe, es entsteht dabei eine ganze Reihe schön kristallisierender Salze, charakteristische Gase werden entwickelt; die Verwendung jener Säuren führte demnach zur Kenntnis der grundlegenden chemischen Reaktionen, die alle mühelos im Laboratorium studiert werden konnten, und deren Anwendung zu einem Chemikalienmarkt führen mußte, sobald ein Bedarf hinzutrat.

---

[1]) H. Kopp, Geschichte der Chemie, Bd. 3, S. 238 (1845).

Ein solcher entwickelte sich aus der Scheidekunst nur in beschränktem Umfange. Man brauchte nicht viel Säure; dafür waren die Mengen der geförderten Edelmetalle zu gering, obwohl sie sich dem Werte nach sehr hoch bezifferten. Der Bedarf an Chemikalien in heutigem Umfange entstand erst später, gegen Ende des 18. Jahrhunderts aus ganz anderen Ursachen. Will man sie aufdecken, so steht man vor einem scheinbar schwer zu entwirrenden Knäuel von Tatsachen.

Da es Tausende von chemischen Waren gibt, so hat man den Eindruck, als haben mindestens Hunderte von Einzelfaktoren, denen man kaum mehr nachgehen kann, jenen Bedarf geschaffen. Dennoch läßt sich der Ursprung der chemischen Großindustrie erkennen, wenn man nach ihren wichtigsten Produkten frägt und darunter solche versteht, deren jedes zur Herstellung einer großen Anzahl anderer Produkte unentbehrlich ist. Derartiger Stoffe gibt es nur drei: Schwefelsäure, Soda und Chlor. Man braucht sie heutzutage einzeln oder zusammen als Haupthilfstoffe bei der Darstellung von Salzsäure, Salpetersäure, Essigsäure, bei der Fabrikation des Glases, des Ätznatrons, vieler Mineralfarben, fast sämtlicher Teerfarben, der Sprengstoffe, des Superphosphates und Ammoniumsulfates, des Aluminiumsulfates, des Phosphors, des Stärkezuckers und Dextrines, der Seife und Stearinsäure, des Äthers, des Bromes, der Chlorate, des Chloroformes und Chloralhydrates, beim Bleichen von Textilstoffen und anderen Waren, beim Raffinieren von Erdöl. Noch viele Einzelindustrien ließen sich hier anführen, und wiederum andere hängen von den genannten ab, so daß es kaum etwas in der chemischen Industrie gibt, was nicht irgendwie mit Schwefelsäure, Soda oder Chlor verknüpft wäre. Dementsprechend kennzeichnen sich diese Stoffe durch ihren minimalen Verkaufspreis; sie sind darin von der Größenordnung der Kohle, und jene abhängigen Einzelverwendungen konnten erst entstehen oder sich ausdehnen, nachdem Schwefelsäure, Soda und Chlor zu billigen Massenprodukten geworden waren. Unsere scheinbar so komplizierte Fragestellung ist also eine sehr einfache. Sie lautet: Wann und warum fabrizierte man zum ersten Male in größerem Umfange Schwefelsäure, Soda und Chlor?

Die Geschichte dieser drei Stoffe muß an den Ursprung der chemischen Industrie überhaupt führen.

Im Jahre 1774 wurde durch Erhitzen von Kochsalz, Braunstein und Schwefelsäure das Chlor entdeckt, 1791 erfand man, ebenfalls mit Hilfe von Kochsalz und Schwefelsäure, die künstliche Soda. Es waren Arbeiten, die aus Gründen teils wissenschaftlicher, teils lokalwirtschaftlicher Natur in Schweden und in Frankreich ausgeführt wurden [2]). Der allgemeine Bedarf aber fehlte zunächst noch, bis er für Schwefelsäure, Soda und Chlor gleichzeitig einsetzte, und zwar infolge eines und desselben Vorganges, der in die Jahre 1791—1793 fiel: es war der Massenimport amerikanischer Baumwolle nach Europa. Hierin wurzelt fast die ganze chemische Großindustrie.

Das läßt sich folgendermaßen begründen: Baumwolle kennt man schon seit vielen Jahrhunderten in der alten und in der neuen Welt. Sie nahm aber keine dominierende Stellung ein [3]). Hauptstoffe waren Seide, Leinen und Wolle, weil sie edler sind als Baumwolle. Solange also nicht besondere Ereig-

---

[2]) Das Chlor entdeckte der Deutsche Carl Wilhelm Scheele, Apotheker in Köping in Schweden.

Das Verfahren zur Darstellung der künstlichen Soda erfand Nicolaus Leblanc in Paris. In neuerer Zeit ist behauptet worden, sein Geschäftsfreund Dizé sei der eigentliche Erfinder (H. Schelenz, Chemiker-Zeitung 1907, S. 29). Vor 1791 bezogen die französischen Glashütten, Seifensiedereien und Bleichereien die Soda aus Spanien, wo sie durch Veraschen von Strandpflanzen gewonnen wurde. Durch kriegerische Verwicklungen verringerte sich die Einfuhr. Die als Ersatzstoff brauchbare, durch Veraschen von Hölzern darstellbare Potasche wurde zum Zwecke der Schießpulverbereitung von den Salpetersiedereien aufgebraucht. Diese Umstände führten zu den Versuchen zur Fabrikation künstlicher Soda. (Vgl. F. Knapp, Lehrbuch der chemischen Technologie, 1847, Bd. 1, S. 226 und G. Lunge, Handbuch der Soda-Industrie, 1903).

[3]) Baumwollstoffe waren im 18. Jahrhundert selten: „Friedrich Wilhelm I., der die Erzeugnisse seiner Tuchmanufaktur schützen wollte, bestrafte das Tragen englischer bedruckter Baumwollstoffe mit dem Halseisen. In Leipzig wurde der Kattun noch 1750 ausdrücklich verboten." (O. Fischel und M. v. Boehn, Die Mode, Menschen und Moden im 18. Jahrhundert. München 1909. S. 141.)

nisse die Baumwolle in den Vordergrund stellten, mußte sie belanglos bleiben.

Das erste dieser Ereignisse trat ein, als Tench Coxe, Leiter einer industriellen Gesellschaft in Pennsylvanien, im Jahre 1786 in Wort und Schrift dafür zu agitieren begann, daß im südlichen Teile von Nordamerika Baumwollkulturen angelegt wurden [4]). Er hatte erkannt, daß hier nach Klima und Bodenbeschaffenheit eine ungeheure Ernte zu erwarten sei, und infolge seiner Bemühungen wurden die ersten Ballen nach Liverpool verschickt. Das erschien als der geeignete Absatzort, weil man wenige Jahre vorher in diesem Teile Englands die Spinn-, die Web- und Zeugdruckmaschinen erfunden hatte. Allerdings war der Export einstweilen noch gering, da die Baumwollfasern an dicken Samenkörnern haften, und diese in mühsamer Handarbeit von Negern abgetrennt werden mußten. Da aber kam das zweite für die Baumwolle entscheidende Ereignis, indem ein junger Mann, Eli Whitney [5]), eine Maschine erfand, um die Körner rascher von den Fasern zu trennen. Er ließ Holzzylinder, die mit Eisenzähnen besetzt waren und an einer Kupferplatte vorbeistrichen, durch Pferdekraft rotieren; die Zähne zerrten die Fasern durch den engen Spalt hindurch und ließen die Körner zurück. Es ist dieses die berühmte „Egreniermaschine",die schon in ihrer ersten unvollkommenen Form täglich 300 Pfund entkörnte Baumwolle lieferte statt der 5—6 Pfund, die ein Neger leistete.

Das war im Jahre 1793, und nun füllten sich Spinnereien, Webereien und Färbereien. Eine gewaltige Textilindustrie ent-

---

[4]) E. v. Halle, Baumwollproduktion und Pflanzungswirtschaft in den nordamerikanischen Südstaaten. 1897. (In G. Schmollers staats- und sozialwissenschaftlichen Forschungen Bd. 15) S. 158:

Die nordamerikanische Baumwollproduktion betrug in Millionen engl. Pfund:

1791	2	1810	85
1793	5	1820	160
1794	8	1830	350
1800	35	1896	3190

[5]) Eli Whitney, geb. 1765 in Westborough in Massachusetts, studierte in Yale College, New Haven, und wurde von Baumwollpflanzern zu seiner Erfindung angeregt (v. Halle, a. a. O. S. 25).

stand mit Baumwolle als Hauptrohmaterial. Wolle und Lein traten zurück, wie sich statistisch belegen läßt[6]), und in den Vordergrund traten diejenigen Chemikalien, die man braucht, um Baumwolle zu bleichen und zu waschen, und damit sind wir bei Schwefelsäure, Soda und Chlor angelangt.

Bevor die Baumwolle als Massenware benutzt wurde, bedurfte man zum Bleichen und Waschen nur geringer Materialmengen. Bei Wolle und Seide genügt der Hauptsache nach etwas Seifenwasser. Pflanzenfaser läßt sich auf diese Weise nicht bleichen, weil die Verunreinigungen zu fest an ihr haften. Indessen wußte man sich bei Leinenwaren zu helfen, indem man sie wochenlang auf den Rasen legte, wo Luft, Licht und Wasser jegliche Mißfärbung zerstören. Das war angängig, weil die Leinfaser einer nordischen Pflanze entstammt, die relativ spärlich wächst, und weil sie ein edler Stoff ist, der sich im Gebrauch lange hält und darum spärlich konsumiert wird. Aber das Verfahren der Rasenbleiche versagte bei der Baumwolle.

Mit der Baumwolle kam ein ganz neuer Begriff in die Textilindustrie hinein, der der Saisonware, der billigen Waschbluse, die man wegwirft, um sich eine neue zu kaufen. Nicht nur, daß die Baumwolle in tropischer Fülle wächst und dadurch den Flachsbau erstickte, wie aus der Geschichte der schlesischen Leinenindustrie ersichtlich; die Baumwollfaser färbt sich auch leichter als die Leinfaser. Letztere ist hart und schwer durchlässig für Farbstofflösungen, erstere dagegen saugt die Flüssigkeit des Färbebades begierig auf. Aus diesen Gründen entwickelten sich durch den Baumwollimport Färberei und Druckerei in einem Umfange, wie er früher nie bestanden hatte; und da sich keine reinen Farbtöne erzeugen lassen, wenn die von Natur bräunliche Faser nicht vorher schneeweiß gebleicht

---

[6]) England konsumierte in Millionen Pfund:

	1798—1800	1829—1831	1859—1861
Baumwolle	41,8	243,2	1022,5
Wolle	109,6	149,4	260,4
Flachs:...........	108,6	193,8	212,0

(v. Halle, a. a. O. S. 183).

worden ist, so genügte die alte Rasenbleiche nicht mehr. Es gab schon in jener ersten Zeit der amerikanischen Baumwollproduktion gar nicht so viele Wiesen, wie man nötig gehabt hätte, um die Kalikos darauf zu bleichen, und darum erfand man ein Rapidverfahren, bestehend in der sukzessiven Behandlung der Gewebe mit Lösungen von Schwefelsäure, Soda und Chlor in Form von Chlorkalk [7]). Dazu kam die Notwendigkeit, die Baumwollwaren im Hause und vor allem in den Druckereien und Färbereien gründlich zu waschen, weil hier stets die nicht fixierten Farbstoffreste durch Seifen entfernt werden müssen. Zur Herstellung von Seife braucht man Soda, zu ihrer Gewinnung Schwefelsäure. Der Baumwollimport verursachte also auch aus diesem Grunde einen gewaltigen Chemikalienbedarf, und so entstanden auf dieser Basis die ersten chemischen Fabriken.

Die Weiterentwicklung der chemischen Industrie wird zunächst vornehmlich durch drei Ereignisse bestimmt: die allgemeine Einführung des Leuchtgases seit 1814 [8]), die Erschließung der chilenischen Salpeterlager seit etwa 1825 [9]) und Napoleons Kontinentalsperre. Die beiden ersten Er-

---

[7]) Im Prinzip neu war nur die Verwendung von Chlorkalk, dessen Darstellung eigens zum Zwecke des Bleichens 1798 von Tennant in Glasgow erfunden wurde. Schwefelsäure und Soda hatte man schon früher in Kombination mit der Rasenbleiche zum Bleichen von Leinenstoffen verwendet (vgl. Lunge, Soda-Industrie 1903, S. 5 und 1909, S. 277), deren Menge aber nicht ausreichte, um eine Großindustrie entstehen zu lassen.

Einen Bleichkessel zum Kochen der Baumwolle mit Sodalösung konstruierte 1804 D. Koechlin, der Begründer der bekannten elsässer Kattundruckerei (vgl. J. Persoz, Traité théorique et practique de l'impression des tissus. Paris 1846, S. 22 ff.). Der heutigen Form der Baumwollbleiche näherte man sich, als man 1837 zuerst in Amerika außer mit Soda auch mit Kalk kochte (E. Knecht, C. Rawson and R. Loewenthal, Manual of dyeing, London 1893, Bd. 1, S. 81, 104).

[8]) Die Technik des Leuchtgases entwickelte sich in England aus der des Hochofenkokses.

[9]) Die Ausbeutung der chilenischen Salpeterlager begann gegen 1830 zum Zweck der Bereitung von Salpetersäure und Pulver, nahm aber erst dadurch große Dimensionen an, daß Liebig die Kunstdüngerindustrie anregte, und späterhin die Teerfarbenindustrie entstand.

eignisse wurden im Laufe der Jahre unmittelbar in den Strudel von Schwefelsäure, Soda und Chlor hineingezogen: Die Gasanstalten produzierten in steigenden Mengen Steinkohlenteer, dessen Destillate man hauptsächlich mit Hilfe von Schwefelsäure, Chlor und kaustischer Soda auf Farbstoffe verarbeiten lernte. Aus Chilesalpeter und Schwefelsäure gewann man billige Salpetersäure und damit ein Haupthilfsmaterial für die Farbstoff- und Sprengstoffindustrie. Die Kontinentalsperre wirkte insofern, als sie den Anstoß dazu gab, daß eine ausgedehnte Baumwollverwendung und damit eine chemische Industrie auf dem Kontinent entstand, speziell auch in Deutschland [10]). England begann in der Folge, die Führerschaft in der chemischen Industrie zu verlieren. Durch die Kontinentalsperre entwickelte sich auch die Rübenzuckerindustrie. Es ist dies eine der wenigen Industrien auf chemischer Basis, die von Schwefelsäure, Soda und Chlor so gut wie unabhängig sind. Im übrigen gaben diese Stoffe den Boden ab, in dem technische Neugebilde von Bedeutung wurzelten. Darum zieht sich bis in unsere Zeit hinein das Bestreben, jene Produkte zu verbilligen: 1863 begann Solvays Ammoniaksodafabrikation und damit der Preissturz auf dem Sodamarkte [11]); 1884 gewann die chemische Fabrik Griesheim-Elektron Chlor durch Elektrolyse [12]); 1898 fabrizierte die Badische Anilin- und Sodafabrik Schwefelsäure nach dem Kontaktverfahren [13]). Das sind — mit Übergehung vieler

---

[10]) G. Drottboom, Wirtschaftsgeographische Betrachtungen über die Wirkungen der Napoleonischen Kontinentalsperre auf Industrie und Handel. Dissertation, Bonn 1906.

[11]) R. Hasenclever, Die Entwicklung der Sodafabrikation und der damit im Zusammenhang stehenden Industriezweige in den letzten 25 Jahren. Ber. d. Deutsch. chem. Gesellsch. Bd. 29, S. 2861 (1896). — E. Solvay, Coup d'œil retrospectif sur le procédé de fabrication de la soude à l'ammoniaque. Ber. über den 5. internat. Kongr. f. angew. Chemie zu Berlin, 1904, Bd. 1, S. 108.

[12]) B. Lepsius, Die Elektrolyse in der chemischen Großindustrie. Ber. d. Deutsch. chem. Ges. Bd. 42, S. 2892 (1909).

[13]) R. Knietsch, Über die Schwefelsäure und ihre Fabrikation nach dem Kontaktverfahren. Ber. d. Deutsch. chem. Ges. Bd. 34, S. 4069 (1901).

Einzelheiten — die allerwichtigsten Etappen, von denen aus sich die Beeinflussung weiter chemischer Gebiete erkennen läßt. Erst in der allerneusten Zeit scheint es, als könne Schwefelsäure auf einem Gebiete etwas an Bedeutung verlieren, indem Verfahren erfunden worden sind, um Salpetersäure elektrisch aus dem Stickstoff und dem Sauerstoff der Luft und aus Wasser zu machen [14]), so daß man nicht mehr ausschließlich wie bisher auf Chilesalpeter und Schwefelsäure angewiesen ist.

Somit ist scheinbar die Entwicklung durch das Jahrhundert eine kontinuierliche, indem jede Neuerscheinung nach chemischen und historischen Gesetzen ihren Platz findet. Dennoch kann man zwei ganz verschiedene Epochen erkennen, deren Unterschied ein merkwürdiger ist, insofern er weniger durch ein chemisches als durch ein psychologisches Moment bedingt wird. Man könnte die erste Epoche die „persönliche" nennen. Sie kennzeichnet sich durch das Vorwalten starker Individualitäten und dauert von etwa 1800—1865. In diesem Jahre tritt ein Umschwung dadurch ein, daß Kekulé seine Benzoltheorie veröffentlicht und als ihre Folge das deutsche Patentwesen entsteht. Die Benzoltheorie und das Patentwesen haben das Persönliche in weitgehendem Maße ausgeschaltet und Generationen in bestimmte Arbeitsrichtungen hineingezwungen.

Die leitenden Männer der ersten Epoche können im Rahmen dieses Vortrages nur durch Hervorhebung des Typischen gekennzeichnet werden, welches darin besteht, daß überragende Intelligenzen ohne wesentliche äußere Anregung und Hilfe Industrien schufen oder sie vorbereiteten. Es fehlten die heutigen Bedingungen des Schaffens: das technische Interesse weiter kaufmännischer Kreise, das zum Resonanzboden wissenschaftlicher Entdeckungen wird, wenn diese Gewinn versprechen. Es fehlten vor allem der Einfluß und der Schutz des deutschen Patentamtes.

---

[14]) A. Bernthsen, Die industrielle Verwertung des atmosphärischen Stickstoffs, Chem. Zentralblatt 1909, Bd. 1, S. 1202. — Schönherr, Über die Fabrikation des Luftsalpeters nach dem Verfahren der Badischen Anilin- und Sodafabrik. Zeitschr. f. Elektrochemie 1909, Heft 16 und 17.

Prominent ist besonders die Figur Liebigs. Ganz aus sich heraus gab er die Initiative zu der gewaltigen Kunstdüngerindustrie, die heute den größten Teil der Schwefelsäureproduktion konsumiert und die sich seit 1861 in der Industrie der Staßfurter Salze fortsetzte.

Charakteristisch für jene Zeit sind ferner Leistungen wie die von Kammerer und Solvay. Ersterer erfand die Zündhölzer, letzterer die Ammoniaksoda, obgleich beide keinerlei chemische Kenntnisse besaßen, Fälle, die heutzutage fast unmöglich wären. Zwar war Solvay als Angestellter einer Gasanstalt technisch bis zu einem gewissen Grade vorgebildet, Kammerer aber hatte gar keine Schulung. Er war ein kleiner Krämer in einem kleinen schwäbischen Städtchen, der in den Zeitungen gelesen hatte, daß neuerdings die Professoren der Chemie Phosphor und Schwefel durch Reibung zu entzünden verständen. Diese spärliche Anregung genügte [15], um sein urwüchsiges Genie in Aktion zu setzen. Er imprägnierte Hölzchen mit dem entzündlichen Gemisch und verkaufte sie, obgleich er gerade in jener Zeit (1833) seine Teilnahme an der Koseritzschen republikanischen Verschwörung auf dem Hohenasperg büßen mußte, was wohl den Seelenschwung manches anderen Erfinders gelähmt hätte.

Daß eine solche heroische Zeit des Findens und Gründens auch ihre Märtyrer hat, ist selbstverständlich. Beispiele dafür sind Sobrero und Schönbein [16]. Der eine entdeckte 1847 die Bildung von Nitroglyzerin aus Glyzerin, Schwefelsäure und Salpetersäure; der andere in demselben Jahre die Darstellbarkeit von Schießbaumwolle aus Schwefelsäure, Salpetersäure und Zellulose. Sie waren Märtyrer, weil ihre Erfindungen zu früh kamen. Jahrzehnte später, als man fürs

---

[15] Staatsanzeiger für Württemberg vom 3. September 1893. Vgl. K. Bachem, Untersuchungen über die Giftigkeit des Phosphorsesquisulfides. Dissertation aus dem Pharmakologischen Institut der Universität Bonn. 1904.

[16] Ascanio Sobrero (1812—1888), Professor der Chemie in Turin. — Christian Friedrich Schönbein (1799—1868), Professor der Chemie in Basel.

Repetiergewehr neue Pulverarten brauchte, als man auf der Höhe des Eisenbahnwesens Felsen sprengen und Tunnel bohren mußte, da kamen jene Sprengstoffe zur Geltung. Aber die Erfinder ernteten die Früchte ihrer Arbeit nicht. Es waren andere, insbesondere Nobel[17]), der durch Kunstgriffe aus Nitroglyzerin Dynamit und rauchschwaches Pulver machte; es sind mit ihm diejenigen, die heute die Nobelpreise bekommen.

Jene Art von geistig ganz selbständigen Persönlichkeiten trifft man in der zweiten Hälfte des Jahrhunderts in dem Maße nicht mehr. Damit soll nicht gesagt sein, daß es in der neuen Epoche keine Individualitäten, Talente und Genies mehr gibt; die berühmten chemischen Namen auf Universitäten, technischen Hochschulen und in den Direktorien unserer Fabriken würden das Gegenteil beweisen. Wohl aber unterliegen die meisten Chemiker in einer bis dahin nicht gekannten Weise dem Einfluß einer übermächtigen Erscheinung, die ebenso wie die des Baumwollimportes einzigartig wirkte und mit elementarer Gewalt, fast vulkanisch hervorbrach. Es war Kekulés Benzoltheorie.

Was diese Theorie ist, läßt sich nicht so leicht darlegen, wie die Geschichte der Baumwolle. Mit der hier notwendigen Beschränkung auf das Allerwesentlichste kann man etwa folgendes sagen:

Wenn man annimmt, die Materie bestehe aus sehr kleinen Einzelgebilden, den Atomen, und wenn man weiter die Kohärenz der Materie durch Anziehungskräfte erklärt, die von Atom

---

[17]) Alfred Nobel, geb. 1833 in Stockholm, beobachtetet 1866, daß die Explosionsgefahr des Nitroglyzerins verringert wird, wenn man es mit indifferenten pulverförmigen Stoffen zu plastischen Massen mischt. Die Mischung aus 75 Teilen Nitroglyzerin und 25 Teilen Infusorienerde nannte er Dynamit. 1867 wurden 11 Tonnen, 1874 aber schon 3120 Tonnen verkauft. 1875 stellte Nobel durch Lösen von Schießbaumwolle in Nitroglyzerin die „Sprenggelatine" dar, die in großen Mengen beim Bauen des Gotthardtunnels gebraucht wurde. 1888 erfand er die Darstellung eines der rauchschwachen Pulver durch Vereinigung von Kollodiumwolle mit Nitroglyzerin. Das 1887 erfundene rauchschwache Pulver von Vieille besteht aus Schießbaumwolle, die durch Essigsäureester gelatiniert worden ist.

Vgl. H. de Mosenthal, Die Tätigkeit Alfred Nobels. Zeitschr. f. angew. Chemie, Jahrgang 1899, S. 782.

zu Atom wirksam sind, so führt das logischerweise zu der Frage: sind die Atome regellos oder in einer gewissen Reihenfolge miteinander verbunden?

Daß es überhaupt Atome gibt, wurde im Jahre 1804 von John Dalton, einem Lehrer in Manchester, ausgesprochen. Sein Schluß war kühn, aber nicht phantastisch, weil die stete Wiederkehr ganz bestimmter Zahlenverhältnisse bei den Analysen sich kaum anders als durch die Annahme von Atomen erklären läßt, die bei ein und demselben Element alle das gleiche Gewicht haben. Auch hat man aus der relativen Schwere der Gase und Dämpfe folgern können, daß die Atome zu Komplexen zusammentreten, die man Moleküle nennt. Jene andere Frage aber nach der Anordnung der Atome im Molekül hatte vor Kekulé niemand nachdrücklich zu stellen gewagt. Sie erschien unsinnig; denn man kann selbst mit dem schärfsten Mikroskop die Moleküle nicht sehen, noch weniger also ihren Aufbau durch das Auge erkennen. Kekulé nun getraute sich nicht nur, jene Frage aufzuwerfen, es gelang ihm vielmehr auch, sie zu beantworten. Ihm stand naturgemäß ein viel größeres Material zur Verfügung, als Dalton es ein halbes Jahrhundert vorher hatte haben können, und aus ihm glaubte er zu erkennen, daß jedes Atom eine ganz bestimmte Anzahl anderer Atome festhalte. Er nannte das die „Valenz" oder „Wertigkeit" der Atome. Durch rechnerische Auswertung analytischer Daten fand er, daß im besonderen Falle von Kohlenstoff und Wasserstoff ein Kohlenstoffatom (Symbol: C) zur Bindung von genau vier Wasserstoffatomen (Symbol: H) befähigt sei. Kohlenstoff ist also „vierwertig", hat vier Valenzen; Wasserstoff hat deren eine und ist einwertig. Bezeichnet man die Valenzen mit Bindestrichen, die als Kraftlinien aufzufassen sind, so ergibt sich für die im Leuchtgas enthaltene einfachste Verbindung aus Kohlenstoff und Wasserstoff, das Methan, die Strukturformel:

Es ist auch denkbar, daß ein Kohlenstoffatom ein anderes festhält, so daß Kohlenstoffketten entstehen. Dann bleibt an den entständigen Kohlenstoffatomen Raum für je drei, an den anderen Raum für je zwei Wasserstoffatome. Eine entsprechend zusammengesetzte Substanz, das Hexan:

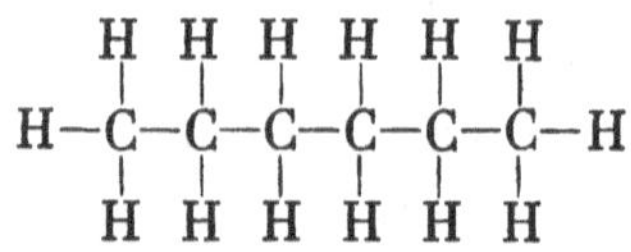

ist unter anderen im Benzin enthalten.

Mit dieser Theorie des vierwertigen Kohlenstoffs bewaffnet, suchte Kekulé die organischen Stoffe nach ihren Eigenschaften in Gruppen einzuteilen, deren man hauptsächlich zwei unterscheiden kann: die reaktionsfähigen und die andere der weniger reaktionsfähigen oder reaktionslosen Substanzen. Abgesehen von gewissen Übergängen erscheint als ein Typus der reaktionslosen Stoffe das aus Erdöl gewonnene Benzin, als Typus der reaktionsfähigen das Benzol des Steinkohlenteers. Wenn man Benzin mit Chemikalien durchschüttelt, so verändert es sich nicht. Wird aber Benzol mit Schwefelsäure, Salpetersäure oder gewissen anderen anorganischen Produkten in Berührung gebracht, so erfolgen mit der größten Leichtigkeit Umsetzungen: es entsteht Nitrobenzol und daraus Anilin, oder Benzolsulfosäure und daraus Karbolsäure, und vieles andere.

Vergleicht man nun den Hauptbestandteil des Benzins, das Hexan, und das Benzol vom Standpunkt der Vierwertigkeit aus, so läßt sich ihre analytisch gefundene Zusammensetzung so deuten, daß je 6 Kohlenstoffatome eine Kette bilden und daß im Hexan alle noch freien Kohlenstoffvalenzen mit Wasserstoff gesättigt sind (s. o.). Beim Benzol aber versagt diese Auffassung insofern, als die Analyse ein Wasserstoffdefizit ergibt. Zwar kann man sich an jedem Kohlenstoffatom ein Wasserstoffatom befestigt denken:

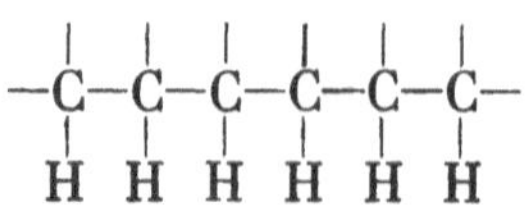

die übrigen Valenzen aber bleiben ungesättigt. Damit gerät scheinbar die Lehre von der Vierwertigkeit ins Schwanken, und an diesem Punkte der Überlegung angelangt kam Kekulé auf folgenden Gedanken:

Wenn man die Kohlenstoffatome abwechselnd doppelt und einfach aneinander bindet:

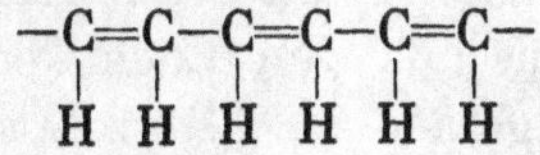

und weiter die Kette zu einem Ringe schließt:

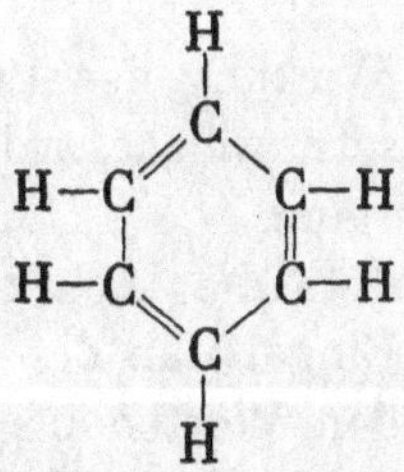

dann bleibt das Gesetz der Vierwertigkeit gewahrt, trotzdem weniger Wasserstoff vorhanden ist als im Hexan des Benzins; denn an den betreffenden Stellen sättigen sich die Valenzen des Kohlenstoffs gegeneinander ab. Und nun schloß Kekulé weiter: Wenn Stoffe vom Typus des Benzins offene Ketten enthalten, solche vom Typus des Benzols aber Kohlenstoffringe, dann sind die Ringe die Ursache der Reaktionsfähigkeit. Die zentrische Orientierung der Atomkräfte birgt ein geheimnisvolles Leben in sich, und die Synthese solcher ringförmiger Moleküle muß zu neuen Stoffen von wunderbaren Eigenschaften führen.

Wie eine solche Hypothese praktisch geprüft wird, kann hier nicht erläutert werden. Es genüge der Hinweis, daß ganz bestimmte Methoden von derartigen am Schreibtisch angestellten Überlegungen zum Experimentiertisch führen. Und als nun die Kekulésche Idee experimentell durchgearbeitet wurde, da zeigte es sich, daß in fast allen denjenigen schon bekannten Stoffen, die durch ihre Eigenschaften ein besonderes

Wirken der Atome verraten, wie z. B. Alizarin, Indigo, Salizylsäure, Karbolsäure, tatsächlich solche Ringe vorhanden sind, und daß umgekehrt durch Aufbau solcher Ringsysteme neue derartige Stoffe entstehen. Da nun die Kombinationsmöglichkeit der Ringsysteme eine schier endlose ist, indem sich mehrere Ringe in der mannigfachsten Weise verknüpfen, und die Wasserstoffatome durch andere Atome oder Atomgruppen ersetzen lassen, so fanden Tausende von Chemikern ihr ideelles und materielles Interesse gerade in diesem Arbeitsgebiet. Damit hörten die einsamen Wege auf, wie sie Liebig, Schönbein, Sobrero, Kammerer und Solvay gewandelt waren.

Diese nivellierende Wirkung der Benzoltheorie verstärkte sich durch das Patentgesetz, welches seinerseits wesentlich aus der Benzoltheorie hervorging.

Im Jahre 1869 richtete die Deutsche chemische Gesellschaft eine Eingabe an den Kanzler des Norddeutschen Bundes, die mit den Worten begann:

„Dem Vernehmen nach liegt die Absicht vor, für die Staaten des Norddeutschen Bundes ein allgemeines Gesetz zu erlassen, nach welchem Erfindungspatente nicht mehr erteilt werden sollen. Diese Nachricht hat die Deutsche chemische Gesellschaft in Berlin veranlaßt, über das Patentwesen in Beratung zu treten............ Ein einheitliches Patentgesetz und eine einheitliche Patentbehörde sind für das Gesamtgebiet des Deutschen Zollvereins zu erstreben."

Dieser Wortlaut [18]) zeigt, daß man den geringen Patentschutz, den es zu jener Zeit in einzelnen deutschen Staaten gab, ganz aufheben wollte. Es lag also nicht etwa im Sinne der bis dahin führenden Industrie Patente anzumelden, wie denn überhaupt der Fabrikant nicht gerne Patente nimmt. Sie be-

[18]) Berichte der Deutschen chemischen Gesellschaft Bd. 2, S. 49 (1869). Die Gesellschaft wurde wirksam unterstützt vom Verein deutscher Ingenieure und von den Ältesten der Kaufmannschaft von Berlin. Unter der Führung von W. v. Siemens kam ein „Patentschutzverein" zustande, der das 1877 erlassene Patentgesetz vorbereitete.

deuten Veröffentlichung, und das widerstrebt dem Wesen des Betriebes. Die besten Fabrikationsverfahren sind solche, die viel einbringen und geheim bleiben. Nun aber war die Benzoltheorie gekommen und als ihre erste große technische Frucht die Synthese des Alizarins mit ihren gewaltigen Ausblicken. Die Deutsche chemische Gesellschaft erkannte, daß hier Gebiete von einer Ausdehnung erschlossen seien, wie sie nie zuvor bestanden hatten, und darum wollte man durch das Gesetz die Ordnung sichern und den Erfinder schützen.

Damit schuf man scheinbar nichts anderes, als was es im Auslande schon gab. Aber dennoch ist aus dem deutschen Patentwesen etwas Neues und Eigenartiges entstanden. Merkwürdigerweise ist nämlich der Erfinderschutz nicht das Wesentlichste geblieben, schon allein aus dem Grunde, weil es im Verhältnis zur Anzahl der angemeldeten Patente nur sehr wenige erfolgreiche Erfinder gibt. Das zeigt die Statistik, welche aussagt, daß nicht mehr als 2,6 % der in Deutschland angemeldeten Patente die volle Schutzdauer von 15 Jahren erreichen [19]). Die übrigen erlöschen früher, weil es sich für die Patentinhaber nicht lohnt, die jährlichen Gebühren zu zahlen. Und dennoch liegt in allen deutschen Patenten, auch den fabrikatorisch wertlosen, eine neue und wunderbare Kraft, die fast wertvoller ist als der Erfinderschutz und die unserer indu-

---

[19]) Vgl. Arwed Jürgensohn, Patentgesetzgebung und Erfinderschicksale. Zeitschr. f. angew. Chem. Bd. 19, S. 2036 (1906). Ferner: O. N. Witt. Chemische Homologie und Isomerie in ihrem Einfluß auf Erfindungen aus dem Gebiete der organischen Chemie. Berlin 1889, S. 67.

Sehr bezeichnend sagt R. Escales (Zeitschr. f. angew. Chem. Bd. 20, S. 793, 1907): „Von der großen Anzahl patentierter Erfindungen ist die Mehrzahl praktisch bedeutungslos; die nach etwa zweijährigem Bemühen erhaltenen Patente werden gewöhnlich innerhalb der nächsten drei Jahre wieder fallengelassen; die Durchschnittsdauer eines Patentes betrug in der Zeit von 1897 bis 1900 etwa 4,8 Jahre (vom Anmeldetag ab gerechnet.) Nur ein kleiner Bruchteil der geschützten Erfindungen ist von tatsächlichem und dann meist recht hohem Wert; in diesen Fällen pflegt sich um die Erteilung und Aufrechterhaltung eines Patentes ein erbitterter Kampf zu entwickeln, der zur Folge hat, daß der Erfinder oft erst dann zur vollen Nutznießung seines Patentes kommt, wenn die vom Gesetz festgesetzte Dauer nahezu abgelaufen ist."

striellen Epoche das Gepräge gibt. Will man sie kurz bezeichnen, so kann sie genannt werden: die Wirkung der Patentliteratur — wohlgemerkt der deutschen Patentliteratur, nicht der anderer Länder. Sieht man diese durch, insbesondere die altehrwürdige britische, so ergibt sich eher der Eindruck von Makulatur als von Literatur. Zwar sind auch darunter unsterbliche Dokumente des Geistes, wie z. B. die Patentschrift von James Watt, das ist dann aber ausschließlich das Verdienst des Erfinders, nicht das des Systemes. Letzteres garantiert keine Gediegenheit des Inhaltes. Man steckt wie in einen Automaten oben die Gebühren mit der Patentanmeldung hinein, und unten fällt die gedruckte Patentschrift heraus. Wer eine solche hat, kann sie verkaufen, er kann auf Patentverletzung klagen — aber eine Literatur, die gelesen wird und wirkt, konnte so nicht entstehen.

Der Genius des deutschen Volkes hat ein anderes Patentgesetz geschaffen. Keine Anmeldung wird zum Druck zugelassen, die nicht amtlich auf Reellität und Originalität geprüft worden ist. Dadurch erst wird das Gedruckte auch lesenswert. Es bedeutet Öffentlichkeit der besten technischen Gedanken. Es wird in Zeitschriften referiert, in Kompendien kommentiert, und darum geht von unserer Patentliteratur eine Anregung aus, wie sie in der Geschichte der Industrie noch nicht da war und die eine der Hauptmomente unserer industriellen Epoche ist.

Das zeigt sich deutlich an der Art, wie technische Gebiete heutzutage wachsen. Ein typisches Beispiel ist die Fabrikation des künstlichen Indigos. Die ersten, zu Anfang der achtziger Jahre genommenen Patente ließen erkennen, daß mehrere Rohstoffe in Betracht kommen. Ein jeder erfordert ein besonderes Verfahren in der Verarbeitung, und innerhalb aller dieser Verfahren gibt es verschiedene Etappen. Jede Etappe wurde durch Patentanmeldung festgelegt, um der Konkurrenz den Weg möglichst zu verschließen. Die Anzahl der Patente betrug im Jahre 1901 schon 152 [20]). Das merkwürdige ist

---

[20]) H. Brunck, Die Entwicklungsgeschichte der Indigofabrikation. Ber. d. Deutsch. chem. Gesellsch. Bd. 33, 1900. Sonderheft.

nun, daß nur einige wenige davon Geldwert erlangten, weil ihre fabrikatorische Ausführung zu teuer war, und daß dennoch nur durch die Gesamtheit dieser Patente das Ziel erreicht wurde. Denn alle diese Patente wurden gelesen, man wog ihre Aussichten gegeneinander ab, und so kam allmählich die Zeit, wo das Ganze ausreifte. In Zürich, Ludwigshafen, Amsterdam und Frankfurt sind Chemiker an der Arbeit [21]). Sie erspähen die schwachen Punkte in den Patenten ihrer Vorgänger, lernen aus ihnen, welche Klippen zu vermeiden sind, und finden schließlich vereint das Richtige.

Wenn also auch selten ein Patent für sich den vollen Sieg bedeutet, die Summe aller Patente setzt kraft ihres Gedankenreichtums eine Armee von Chemikern in Marsch und erobert neue Gebiete. Daher das Unpersönliche, das in diesem Ganzen liegt und das unsere industrielle Epoche von der früheren unterscheidet. Nicht sowohl das einsame Ringen eines Kammerer, eines Solvay schafft die neuen Werte, sondern die Massenarbeit vieler heller Köpfe. Sie alle sind Erfinder, aber der Begriff des Erfindens hat sich gewandelt. Früher gehörte dazu Genie, Wagemut und Erfolg. Heute genügen in vielen Fällen Findigkeit und rasches Arbeiten und ein bescheidenes Erwähntwerden in der Patentliteratur. Die Möglichkeit, mitzuarbeiten, und die Hoffnung, mitzuverdienen, hat sich darum auf weite Kreise der studierenden Jugend erstreckt, und das ist eine der Hauptursachen, weshalb wir uns immer mehr zum Industriestaat entwickeln.

Diese Entwicklung wird in mancher Hinsicht beklagt, denn sie hat ideelle Werte vernichtet. Genannt sei das humanistische Gymnasium. Aber man muß sich damit trösten, daß

---

[21]) Die erfolgreichsten Erfinder in dieser Periode waren: Prof. Heumann in Zürich; Prof. Hoogewerff und Prof. van Dorp in Amsterdam; Dr. Knietsch und Dr. Sapper in der Badischen Anilin- und Sodafabrik, Ludwigshafen a./Rh.; Dr. Pfleger in der Deutschen Gold- und Silber-Scheide-Anstalt, vorm. Rössler, Frankfurt a./M. Am weiteren Ausbau des Indigogebietes waren in neuerer Zeit A. Rathjen, Hamburg, und Prof. P. Friedländer, Wien, beteiligt.

das Anwachsen der Technik eine Naturerscheinung ist, die sich nicht hätte aufhalten lassen. Denn die chemische Industrie ist nicht das neuzeitliche Gebilde, das sie manchmal zu sein scheint, sie ist vielmehr eine Phase im Ringen der Menschen nach materieller Kultur, das sich durch die Jahrtausende hinzieht, und was sich dem entgegenstellt, wird vernichtet. Es muß ferner zum Troste dienen, daß die chemische Industrie auch ideelle Werte geschaffen hat, ganz abgesehen von den bekannten materiellen. Ein solcher Wert ist, seit Kekulé, die außerordentliche Vergeistigung des industriellen Lebens. Bei Gelegenheit des Esperantovortrages in dieser Aula sagte Ostwald: „Es gibt keinen Gegensatz zwischen Theorie und Praxis, sondern nur einen solchen zwischen schlechten Theorien und der Praxis.“ Ein derartiger Ausspruch wäre früher unmöglich gewesen. Er bedeutet, daß unserer Zeit der Ausgleich eines Gegensatzes gelungen ist, der bisher als unvermeidliches Hindernis alles menschlichen Schaffens gegolten hatte.

Ein ideeller Wert ist ferner die Veredelung des Konkurrenzkampfes durch die Patentliteratur. In der chemischen Industrie herrscht das ganz ausgesprochene Bestreben, die Konkurrenz zu erhalten, um die Anregung durch ihre Patente nicht zu entbehren. Trotz aller Kämpfe sieht man also im Mitbewerber zugleich auch den Mitarbeiter. —

Wir feiern heute ein vaterländisches Fest und dürfen uns mit Stolz daran erinnern, daß die chemische Industrie unserer Zeit eine vorwiegend deutsche ist. Aber sie ist nicht nur eine Schöpfung unserer Chemiker und Kaufleute, sondern vorwiegend auch eine unserer staatlichen Behörden. Es wird das nicht etwa deshalb hervorgehoben, weil es zu der üblichen Form der heutigen Feier paßt, vielmehr gehört es zu dem Bilde, das zu geben versucht worden ist. Es waren die regierenden und verwaltenden Männer der vielgeschmähten reaktionären Zeit und der Konfliktsjahre, die in fast allen deutschen Staaten Unterrichtsinstitute für Chemie gründeten [22]). Die Anregung

[22]) Chemische Universitätsinstitute wurden gegründet (W. Lexis, Die Universitäten des Deutschen Reiches, 1904) in: Berlin 1867; Bonn

ging von Liebig aus, aber es ist das Verdienst jener Männer, daß sie diese Anregung richtig einschätzten. Sie bereiteten so den Boden, auf dem unsere chemische Industrie entstehen konnte, denn wir haben die älteren Industrieländer, England und Frankreich, zum Teil aus dem Grunde überflügelt, weil es dort in der kritischen Zeit der erstarkenden industriellen Entwicklung zwar Forschungslaboratorien, nicht aber Unterrichtsinstitute für Chemiker gab. Es waren dann später die Behörden des Hohenzollernreiches, die das kaiserliche Patentamt schufen, und getreu solchen Traditionen ist Prinz Wilhelm als Bonner Student mit besonderem Interesse Kekulés Vorträgen gefolgt. Es ist Seine Majestät der Kaiser, dessen reger Geist das Neue und für sein Volk Notwendige zu fördern weiß. Ihm gilt heute unsere Huldigung.

1854; Breslau 1853; Greifswald 1862; Halle 1862; Kiel in den dreißiger Jahren, Neubau 1878; Königsberg 1849; Würzburg 1853; Erlangen 1857; Leipzig 1804, Neubau 1868; Tübingen 1846; Heidelberg 1818; Freiburg i./B. 1857; Gießen 1825; Jena 1856; Rostock 1835; Straßburg 1878.

FSC
www.fsc.org
MIX
Papier | Fördert gute Waldnutzung
FSC® C083411

Zeitfracht Medien GmbH
Ferdinand-Jühlke-Straße 7
99095 Erfurt, Deutschland
produktsicherheit@kolibri360.de